布花装饰

［日］永田由实子 / 著

林琳 / 译

中国纺织出版社

想不想一起用布来做唯美的花朵饰品？

平日里的衣服就能佩戴的自然朴素的花朵，

在特别的日子里想要衬出优雅女人味的装饰，

这本书里聚集了各种各样这样的布花饰品。

不需要使用烫花器之类的专业工具，

仅靠浆糊粘合与手工缝制就可以制作出

各种款式和形态的花朵。

简单易懂的解说，全程都有图片图示，

先从你喜爱的小花开始，轻松入门吧。

原文书名：布で作るお花のアクセサリー
原作者名：永田由実子
Copyright © 2017 Boutique-sha, Inc.
Original Japanese edition published by Boutique-sha, Inc.
Chinese simplified character translation rights arranged with Boutique-sha, Inc.
Through Shinwon Agency Beijing Representative Office, Beijing.
Chinese simplified character translation rights © 2018 by China Textile & Apparel Press

本书中文简体版经日本靓丽社授权，由中国纺织出版社独家出版发行。

本书内容未经出版者书面许可，不得以任何方式或任何手段复制、转载或刊登。

著作权合同登记号：图字：01-2018-2022

图书在版编目（CIP）数据

布花装饰／（日）永田由实子著；林琳译. -- 北京：中国纺织出版社，2019.1
ISBN 978-7-5180-5417-6

Ⅰ.①布… Ⅱ.①永… ②林… Ⅲ.①布艺品-手工艺品-制作 Ⅳ.①TS973.51

中国版本图书馆CIP数据核字（2018）第219600号

策划编辑：阚媛媛　　　　责任编辑：李　萍
责任印制：储志伟　　　　责任设计：培捷文化

中国纺织出版社出版发行
地址：北京市朝阳区百子湾东里A407号楼　邮政编码：100124
销售电话：010—67004422　传真：010—87155801
http://www.c-textilep.com
E-mail:faxing@c-textilep.com
中国纺织出版社天猫旗舰店
官方微博http://weibo.com/2119887771
北京华联印刷有限公司印刷　各地新华书店经销
2019年1月第1版第1次印刷
开本：889×1194　1/20　印张：4
字数：80千字　定价：39.80元

凡购本书，如有缺页、倒页、脱页，由本社图书营销中心调换

Contents 目录

P.4	春飞蓬和一年蓬	P.25	罂粟花发圈
P.6	白诘草和三叶草胸针	P.26	三色堇胸针
P.7	多色白诘草发圈	P.27	三色堇耳钉
P.8	粉色绣球花胸针	P.28	勿忘草手链和耳钉
P.9	绣球花发夹和耳钉	P.29	三色堇和勿忘草胸花
P.10	百合胸花	P.30	蒲公英胸针
P.12	尤加利胸针	P.31	含羞草胸针
P.13	尤加利项链	P.32	绿叶发梳
P.14	橘色雏菊	P.33	青色果子和白色果子胸针
P.15	亮灰色雏菊	P.34	康乃馨胸花
P.16	白色薰衣草胸针	P.35	蓬蓬的花朵胸花
P.17	铃兰胸花	P.36	小核桃纽扣胸针
P.18	牛仔布紫阳花	P.37	四瓣花耳钉与耳环
P.19	紫阳花发夹		
P.21	紫阳花项链	P.38	必备工具和材料
P.22	迷你玫瑰耳环	P.39	上浆加工的方法
P.23	迷你玫瑰胸针	P.40	本书刊登的作品制作方法
P.24	罂粟花胸针	P.81	实物等大纸样

用圆形布片裁剪出花朵形状的春飞蓬,从边缘细碎剪出丝丝花瓣的一年蓬。不同的叶子形状,不同的花心颜色,稍稍细微的改变,就能展现出可爱的精致感。

设计·制作/永田由实子

仿佛是从荒原里采集来的野花,
以此为灵感制作的自然朴素的胸花。
若无其事地随手戴在毛衣外套上,
淡然的氛围油然而生。

毛外套,衬衫/DO! FAMILY 原宿本店

点缀在简单的布包上,
立刻成了吸引目光的焦点。

白诘草和三叶草胸针

制作方法…*P.46*

花瓣一根一根都细致地用手揉出立体感的白诘草。
而一旁的绿色的四瓣三叶草
更是衬托出花朵的纯白。

设计·制作／永田由实子

套头衫／DO! FAMILY 原宿本店

多色白诘草发圈

制作方法…P.47

选用色彩丰富的布料创作出各式各样可爱的白诘草发圈。选一个你喜欢的颜色试着做做看吧。

设计・制作／永田由实子

4

粉色绣球花胸针

制作方法…*P.48*

淡淡的粉色给人优雅精致的印象。
花芯采用金色的花蕊，
增添了华丽感。

设计・制作／永田由实子

5

绣球花发夹和耳钉

制作方法…P.51

把绣球花的花朵一朵一朵拆开，娇小玲珑越发惹人怜爱，可以做成小发夹，也可以做成耳钉，透着柔和氛围的小饰品，一戴上立刻就增添了些许女人味。

设计・制作/永田由实子

百合胸花

制作方法…P.50

8

设计·制作/永田由实子

样式是凌厉的风中百合,是充满着成熟魅力的胸花。上浆加工过的布料,用手指一片一片揉捏出,丰富了花的形态。简简单单的一朵,也有着强烈的存在感。在需要特别出席的日子佩戴,将成为记忆里的一道风景。

尤加利胸针

制作方法…P.43

9

笔直伸展的尤加利胸针,仿佛是采撷的植物标本。
本色的亚麻布,一枚一枚剪出叶的形状,再用小勺微压,塑造出弯圆的形态。

设计・制作/永田由实子

尤加利项链

制作方法…P.55

10

弯弯的叶子,缠绕成茎蔓,几粒紫色的果实是点睛之笔。穿衣高手都很难搭配的绕颈项链,如果是淡雅的奶白色尤加利的话,可以挑战一下吧。

设计·制作/永田由实子

11

橘色雏菊

制作方法…*P.52*

吸引人目光的亮丽的小雏菊，橘色的胸花。
布料细碎地揉捏出丝丝花瓣，强烈的存在感，
会成为今天服饰搭配的主角吧。

设计·制作／永田由实子

亮灰色雏菊

制作方法…*P.52*

12

换一种颜色的雏菊胸花,白色与灰色的搭配,朴素的风格,淡然的印象。
而在胸花中间系上的蝴蝶结,加上了一笔抑扬顿挫。

设计·制作／永田由实子

白色薰衣草胸针

制作方法…P.54

这是一枚给人柔和印象的、蓬松的白色薰衣草胸针。一片一片剪成圆形的亚麻布，穿上细细的花芯，卷绕成美丽的薰衣草。

设计·制作/永田由实子

13

铃兰胸花

制作方法…*P.56*

铃兰，花语是纯粹、纤细。一朵朵花圆润饱满的感觉，*14* 采用穿孔小珍珠球实现，*15* 则用的手工用棉花米填充。

设计·制作／永田由实子

15

14

牛仔布紫阳花

制作方法…*P.58*

16

惹人喜爱的紫阳花，采用牛仔布来做，更有日常生活的随意感。粗糙的素材，反而是这个作品的特别之处。

设计・制作 / 岩本享子

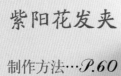

紫阳花发夹

制作方法…*P.60*

17

18

紫阳花的花瓣重合在一起,做成漂亮的发夹。
深具存在感的设计,能华丽地演绎背影。

设计·制作 / 岩本享子

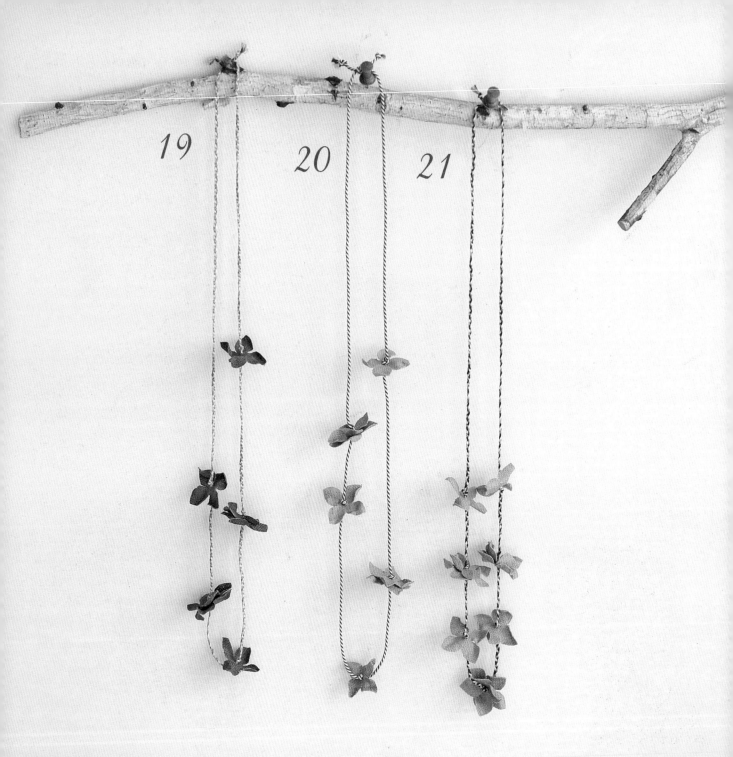

衬衫 / DO! FAMILY 原宿本店

紫阳花项链

制作方法…P.61

在绳结上穿过片片花瓣，就能做成的简简单单的项链。花瓣与花瓣间的间隔，等距与不等距都可以，根据个人的喜好编排出自己的一串。

设计・制作 / 岩本享子

仿佛是采撷的真的紫阳花的花瓣，
呈现浓郁的深紫色，
和白色的衬衫是那么相衬。

花瓣的上下都打上绳节固定，
这样花瓣就不会移动了。

迷你玫瑰耳环

制作方法…P.61

一片片重叠的花瓣加上花托,仿佛是真的迷你玫瑰一般。串上长长的细链和耳环,在耳边轻轻地摇曳,可是这个设计的特色哦。

设计・制作 / 岩本享子

22

迷你玫瑰胸针

制作方法…P.62

同样的迷你玫瑰做成小胸针。一朵朵是那么娇小，不同的颜色可以组合在一起佩戴。

设计・制作 / 岩本享子

罂粟花胸针

制作方法…P.64

有着淡淡的颜色,是充满女人味的可爱的罂粟花胸针。中间装饰了花芯和小毛球,就好像自然界的真花一般。

设计·制作 / 长内樱

24

衬衫 / DO! FAMILY 原宿本店

罂粟花发圈

制作方法…P.65

同样的罂粟花做成发圈,系上亚麻布的蝴蝶结,立刻呈现出浓浓的少女风格。

设计·制作 / 长内樱

三色堇胸针

制作方法…P.64

毛外套 / DO! FAMILY 原宿本店

象牙色与淡蓝色,象牙色与淡紫色,不同颜色的布料重合在一起制作成的三色堇的花瓣,展现出优雅高贵的气质。最后系上黑色丝带蝴蝶结,就完成了。

设计·制作 / 长内樱

三色堇耳钉

制作方法…*P.63*

27

非常有存在感的三色堇的耳钉，一戴上就使脸蛋靓丽起来。非常得简单，是一件推荐新手可以试一试的作品。

设计・制作／长内樱

勿忘草手链和耳钉

制作方法 28…P.67
29…P.68

细小的花儿密密地绽开，是勿忘草。楚楚可怜的姿态，做成手链和耳钉。使用红茶咖啡晕染的布料，营造出着复古的氛围。

设计·制作／长内樱

三色堇和勿忘草胸花

制作方法…P.69

30

三色堇和勿忘草,用蕾丝带扎成一束,是惹人赞叹的美丽胸花。
用红茶和咖啡染出心仪的颜色,呈现出浓浓的复古气息。

设计·制作/长内樱

蒲公英胸针

制作方法…P.70

用布做的朴素但充满魅力的蒲公英。花是剪出细条的布条卷出的，叶子的边缘也细致地剪出锯齿，很简单但又讲究。

设计·制作/永田惠子

含羞草胸针

制作方法…P.78

32

花艺用的铁丝卷上黄色的丝绒做成的含羞草的花。平常外出也能使用的一款简单胸针。

设计·制作/永田惠子

33

 绿叶发梳

制作方法…P.74

绿色的布料裁剪出简单的叶子的形状，组合在一起，制作出十分自然的一款发梳。少许点缀的白色果实，更加增添了一番纤细感。

设计·制作/永田惠子

青色果子和白色果子胸针

制作方法…*P.75*

一粒一粒小小的果实,添加在绿叶间,与细软的茎蔓组合在一起,是那么的美妙。这款胸针与清爽的服饰搭配在一起,别有一番风味。

设计·制作／永田惠子

34

康乃馨胸花

制作方法…*P.76*

两种布料组合成的康乃馨的胸花。表里都有图案，稍一变化，就有了各种丰富的花色。

设计·制作／西村明子

35

蓬蓬的花朵胸花

制作方法…P.77

用剪成群山状的细长的布料，一缝一抽线，就能简单做出来的花朵。
不单单是胸花，用在礼品包装上也非常棒。

设计·制作 / 西村明子

小核桃纽扣胸针

制作方法…*P.78*

38

用零碎的布料就能做出来的小核桃纽扣胸针。用一样的布也好，用不同花纹的布也好，自由地组合在一起，自由地配色，是那么的有趣。

设计·制作/西村明子

四瓣花
耳钉与耳环

制作方法…*P.80*

39

40

色彩缤纷的四瓣小花，做成耳钉与耳环两种不同的类型。成为了有奢华感的小饰物，即使这么随手地在耳边一戴，也能增添一番靓丽。

设计·制作/西村明子

必备工具和材料

介绍一下制作布花所需的基本工具和材料。

a 厚纸
b 薄纸或是转印纸

描摹纸样的时候使用。

自动铅笔

描摹纸样的时候使用。

水消笔

在布料上转印纸样的时候使用。

小锥子

打孔，在布料上转印叶子纸样的时候使用。

布剪

只在剪布料的时候用的剪刀。剪纸的时候用普通剪刀。

手艺用剪刀

剪布料细碎部分的时候和剪线头的时候使用，选用前端是尖细类型的剪刀。

木工用浆糊

给布料上浆的时候使用，或是在粘合布的时候使用。

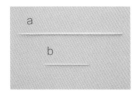

a 竹签　b 牙签

浆糊或是黏合胶粘合的时候使用。

玻璃碗

上浆加工时调和浆糊，用红茶、咖啡染色的时候使用的容器。

量勺

做菜用的量勺即可。计量浆糊和咖啡等的分量。

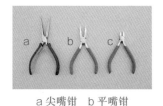

a 尖嘴钳　b 平嘴钳
c 钳子

尖嘴钳和钳子用在夹断铁丝的时候，平嘴钳用在组合饰品部件的时候。

黏合胶

布花和金属饰品部件粘合的时候使用，需选适合金属用的。

热熔胶枪

使用专用胶棒加热溶化后粘合的工具。能瞬间粘合牢固。

铁丝

花艺用铁丝，分为包纸铁丝和光铁丝。本书使用粗细为 #24、#26、#28 的包纸铁丝（白色、绿色），#22 光铁丝。数字越大铁丝越细。

花芯

作为布花的花芯使用。分为两头（两端都有花蕾）和单头（只有一端有花蕾）。

上浆加工的方法

布料经过上浆加工后,布有了张力,花的弯弧、褶皱等都能简单实现。把布裁剪成小块,浆糊会更容易渗透进去。而浆糊和热水的比例只是个大概,可以根据自己需求调节。

1 玻璃碗放入 150mL 热水和 30mL 浆糊 (5:1 的比例)。

2 用勺充分搅拌,让浆糊完全溶解。

3 浆糊浸液就完成了。

4 将布料放入,充分浸泡。

5 布料轻轻地拧干。注意不要用力过度,否则会留下拧干的痕迹。

6 展开布料,可以放在厨房用吸油纸上吸去水分。

7 挂在晾衣架上充分晾干。

a 上浆加工前的布料　b 上浆加工后的布料

小贴士

木工用浆糊最好放在玻璃瓶里保存。使用的时候取出少许放在瓶盖上,用竹签沾取使用。浆糊稍稍放了一段时间后稍稍干了的话,更容易粘合。

准备好湿毛巾放在一旁,手上一旦沾上了浆糊可以立刻用湿毛巾擦去,这样作品就不会沾上多余的浆糊,作品也会更加完美。

P.4-1 春飞蓬

实物等大纸样（大花瓣、大花瓣后衬、小花瓣、小花瓣后衬、叶）…P.42

材料（1朵）

- 大花瓣或者小花瓣4片、大花瓣后衬或者小花瓣后衬1片（上浆加工的白色亚麻布）长20cm宽4cm
- 叶1片（绿色丝绒）长4cm宽2cm
- 包茎布1片（绿色丝绒）长6cm宽1cm
- 圆盘胸针扣（2cm）1个
- 花芯1条（灰色或黄色亚麻布）长15cm宽0.5cm
- 24号包纸铁丝（花芯用・白色）8cm×1根
  （叶用・白色）6cm×1根

※上浆加工的方法参见P.39

花瓣的制作 ※使用大花的作品做解说

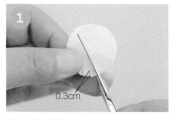

1　将2片花瓣重叠，外围一圈间隔0.4~0.5cm，剪0.3cm小口。另2片花瓣同样。

2　将4片花瓣重叠，用小锥子在中心打孔。

花芯的制作

3　花芯的亚麻布横向抽掉2~3根线。

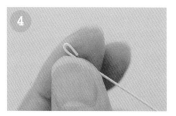

4　花芯用的铁丝头上弯0.5cm长的小勾。

5　将花芯布塞进铁丝小勾里。

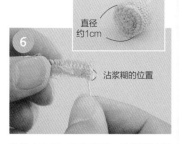

花芯做好了！
直径约1cm
沾浆糊的位置

6　花芯布内侧一边沾浆糊一边平行地卷起来。

花芯粘上花瓣

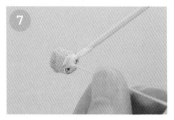

7　在花芯的根部沾上浆糊。

8　将花芯的铁丝穿进四片花瓣中心的小孔。

9　四片花瓣每片间沾少许浆糊。注意只需粘中间部位，外围不需要。

10　用手指轻推，让花芯、花瓣固定住。

叶的制作

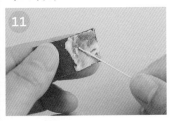  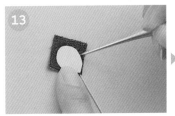 

叶的丝绒布内侧一半粘上浆糊,叶用铁丝斜角45°放置。
※完成的叶片,铁丝上端应空出0.4~0.5cm(参见步骤14的图)

叶的布对折夹住铁丝。

使用叶的纸样(可以复写到别的纸或硬纸板上剪下来),在叶的布片内侧用小锥子戳出叶的形状。

小贴示

纸样也可以用水滴笔(遇水会消失的在布上做记号的专用笔)复写哦。

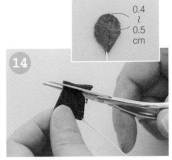

叶子做好了!
0.4~0.5cm

待浆糊干透铁丝固定后剪出叶子的形状。

花茎的制作

 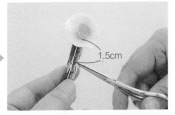

将包花茎的布与花的铁丝确定位置后粘上浆糊,要放入叶子的部位用剪刀剪个小口。

   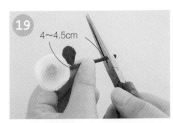

小口上半部分的包茎布卷起固定。

将叶子的铁丝一起放入,下半部分也卷起固定。

花茎卷好了。

花茎的布留4~4.5cm左右,多余的剪去,注意不要露出里面的铁丝,尾端用手指卷压粘牢。

花瓣后衬的制作

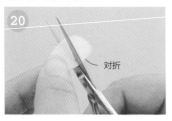
20 对折
将花瓣后衬对折,剪一道小口。

21
将圆盘胸针扣插入小口。

22
用热熔胶枪粘牢花瓣后衬与胸针扣。

23
花瓣后衬与胸针扣固定好了。

花与花瓣后衬的固定

24
用热熔胶枪在胸针扣的圆盘上粘上胶。

25
将花瓣后衬和花的背面对好位置粘牢。

26
花与花瓣后衬间全面用热熔胶枪粘牢固定。

小 = 约 7cm 大 = 约 7.5cm
整理好花形,完成啦!

1·2实物等大纸样
※叶为两面对折纸样用1片表示
※条形的部分(例如花芯、花茎等)直接按材料处标注的长宽准备

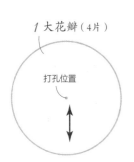

1 大花瓣(4片) — 打孔位置

1 大花瓣后衬(1片)
2 花瓣后衬(1片) — 剪开口位置

1 小花瓣(4片) — 打孔位置

1 小花瓣后衬(1片) — 剪开口位置

1·2 叶(1片)

2 衬布(1片)

2 叶(1片)

P.12-9 尤加利胸针

实物等大纸样（花瓣、叶）…P.43

材料
- 花瓣9片（上浆加工的白色亚麻布）长36cm宽2cm
- 叶1片（上浆加工的白色亚麻布）长6cm宽3cm
- 包茎布3条（上浆加工的白色亚麻布）
  长12cm宽0.6cm×3条
- 多蕾花芯（直径4mm·单头·金色）9根
- 胸针扣(2.5cm) 1个
- 24号包纸铁丝（花瓣用·白色）12cm×9根
- 26号包纸铁丝（叶用·白色）12cm×1根

※上浆加工的方法参见P.39

花瓣的制作

1 花瓣用的布剪成9片长4cm宽2cm的小片。每片布都在中间对折夹铁丝制作出9枚花瓣。(花瓣的制作方法参见P.48的步骤1~4)

枝的制作

2 使用3片花瓣和3根花芯来制作枝A。包茎布斜放在花瓣的根部，沾上少量浆糊。

3 加上3根花芯，一起包卷起来。

4 3根花芯的略下方位置加入1片花瓣，再下方一点的位置再加入1片花瓣。

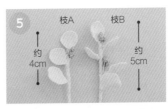

5 枝A就完成了，同样的方法使用5枚花瓣和6根花芯来制作枝B。

叶的制作

6 制作叶子。(叶的制作方法参见P.41的步骤11~14)。

组合

7 叶、花瓣、枝A、枝B全都准备好。

8 将枝A和枝B合在一起，再加上花瓣，包茎布沾上少许浆糊，从花瓣的根部，一起卷起来。

9 在背面加上胸针，包茎布沾少许浆糊，卷上2~3圈固定。

10 在正面加上叶子。

11 叶的铁丝3.5cm处剪断，包茎布沾少许浆糊，一直卷到最底端。

整理好花形，完成啦!

9·10实物等大纸样

※花瓣和叶为两面对折，纸样表示1片
※条形的部分（例如花茎）直接按材料处标注的长宽准备

9 花瓣（9片）
10 花瓣（22片）

9 叶（1片）

P.4-2 一年蓬

实物等大纸样（花瓣后衬、衬布、叶）…P.42

材料（1朵）

- 花瓣1条（上浆加工的白色亚麻布）长5cm宽2.4cm
- 花瓣后衬1片（上浆加工的白色亚麻布）长4cm宽4cm
- 衬布1片（上浆加工的白色亚麻布）长2cm宽2cm
- 叶1片（上浆加工的黄绿色亚麻布）长6cm宽3cm
  或是，叶1片（绿色丝绒）长4cm宽2cm
- 包茎布1片（上浆加工的黄绿色亚麻布）长12cm宽1cm
  或是，包茎布1片（绿色丝绒）长6cm宽1cm
- 花芯1条（灰色或黄色亚麻布）长15cm宽0.5cm
- 24号包纸铁丝（花芯用・白色）8cm×1根
  　　　　　　　（叶用・白色）6cm×1根
- 圆盘胸针扣（2cm）1个

※上浆加工的方法参见P.39

花瓣的制作　　※图片右边的作品做解说

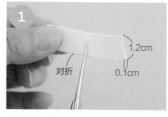

1. 将花瓣的布条对折，相连的一边每间隔0.1cm剪0.7cm深的直线。

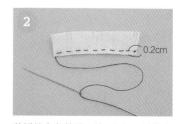

2. 花瓣的布条的另一边，0.2cm处缝直线，针脚需细密。
※为了便于理解，图中使用了别色线。

3. 抽紧线，形成圆弧状。

4. 中心拉紧，缝十字针。

5. 花做好了。

叶的制作

6. 叶的布对折，夹住铁丝，沾上浆糊固定。（叶的制作方法参见P.41的步骤 **11**、**12**）
※完成的叶片，铁丝上端应空出1cm（参见步骤 **10** 的图）

7. 使用叶的纸样转印到布上，仔细剪出叶的轮廓。

8. 叶的顶端用手指捏尖。

9. 小锥子45°斜倒，从叶的边缘的部分向根部画出叶脉线。

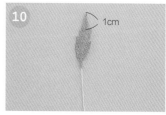

10. 叶子做好了。

制作花芯，与花瓣粘合

11

制作花芯，粘在花瓣中央位置。（花芯的制作方法参见P.40的步骤3～8）

花茎的制作

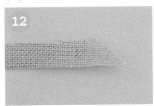

12

包茎布的一端剪斜边。

13

将包花茎的布与花的铁丝放在相应位置上沾上浆糊。

14

包茎布卷上一圈，在花的根部牢牢固定住。

15

继续沾上浆糊向下卷下去。

16

途中加入叶子，一起卷起来。

17

卷到铁丝最下方，多余的布剪掉。

18

注意不要露出里面的铁丝，尾端用手指卷压粘牢。

花瓣后衬的制作

19

在花的背面中心部分用胶枪沾上胶。

20

粘上衬布。

21

将花瓣后衬粘上圆盘胸针扣，和花的背面对好位置粘牢。（参见 P.42 的步骤 20 ～ 25）

22

花与花瓣后衬间全面用热熔胶枪沾上胶。

23

花瓣后衬的一周分 6 次折入空隙中，让花瓣后衬与花粘合固定。

24

花的背面就完成了。

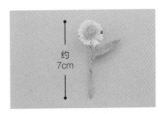

整理好花形，完成啦！

约 7cm

叶和花茎的做法按照 P.40 的 No.1 的同样方法制作。

约 7cm

P.6-3 白诘草和三叶草胸针

实物等大纸样（花瓣、衬布、叶）…P.47

材料
- 花瓣10片、衬布1片（上浆加工的白色亚麻布）长40cm宽4cm
- 叶4片（上浆加工的绿色亚麻布）长10cm宽5cm
- 胸针扣（2.5cm）1个
- 花形蕾丝（2cm）1片
- 24号包纸铁丝（花用·绿色）10cm×1根
- 26号包纸铁丝（叶用·绿色）8cm×4根
- 纸带（宽1cm·黄绿色）适量
- 绘图丙烯颜料（白色）　※上浆加工的方法参见P.39

花的制作

1. 制作10片花瓣。（花瓣的制作方法参见P.52的步骤1～4）

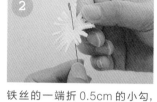

2. 铁丝的一端折0.5cm的小勾，穿过第1片花瓣的小孔。

3. 花瓣的中心部分沾上少许浆糊。

4. 花瓣向上捏紧，遮盖住铁丝。

5. 铁丝继续穿过第2片花瓣，花瓣的中心部分沾上少许浆糊。

6. 花瓣向上捏紧，与第1片花瓣贴合。同样的方法，粘好剩下的8片花瓣。

7. 花做好了。

8. 纸带沾少许浆糊卷好铁丝。

三叶草的制作

9. 叶的布剪成4片，长5cm宽2.5cm，做成4片叶子。（叶的制作方法参见P.41的步骤11～14）绘图颜料（白色）挤在小碟子里，用细毛笔在叶子上画线。

10. 线画好了。等颜料完全干透。

11. 4片叶子合在一起，中心沾上浆糊。

12. 用手指捏紧让叶子完全粘牢。

13. 纸带沾少许浆糊卷好铁丝。

粘上衬布

14. 衬布的中心用小锥子打孔。

		粘上胸针扣	
 15	 16	 17	
花和三叶草合在一起，2根花茎一起穿过衬布。	花的根部用热熔胶枪沾上胶，与衬布粘牢。	用胶枪在衬布上粘上胸针扣，再粘上蕾丝。	整理好花形，完成啦！ 约12cm

P.7-4 多色白诘草发圈

实物等大纸样（花瓣）…P.47

材料（1朵）
- 花瓣10片（上浆加工的白色亚麻布）长40cm宽4cm
- 带圆盘发圈1个
- 花形蕾丝（2～2.5cm）2片
- 24号包纸铁丝（花用·白色）10cm×1根

※上浆加工的方法参见P.39

3·4 实物等大纸样 ※叶为两面对折，纸样用1片表示

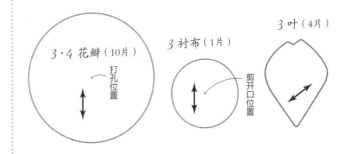

3·4 花瓣（10片） 打孔位置
3 衬布（1片） 剪开口位置
3 叶（4片）

花形蕾丝的制作

 →

蕾丝的花朵一朵一朵剪下来。

 1	 2
制作1朵花。（花的制作方法参见P.46的步骤1～7）花的铁丝穿过1片蕾丝。	花的根部用热熔胶枪沾上胶，与蕾丝粘牢。

 3	4	 5	
留2～3cm剪断铁丝，铁丝贴着花弯成1个小圈。	发圈的圆盘用热熔胶枪沾上胶。	圆盘粘上1片蕾丝，用热熔胶枪在蕾丝上粘上花。	完成啦！ 约4cm

P.8-5 粉色绣球花胸针

实物等大纸样（花瓣、叶）···P.49

材料
- 外层花瓣33片（上浆加工的粉色亚麻布）长30cm宽3cm
- 内层花瓣33片（上浆加工的藕色亚麻布）长30cm宽3cm
- 叶1片（上浆加工的藕色亚麻布）长12cm宽6cm
- 包茎布1条（上浆加工的藕色亚麻布）长5cm宽2cm
- 花芯（直径3mm・双头・金色）5根
- 胸针扣（2.5cm）1个
- 28号包纸铁丝（花用・白色）8cm×33根
- 26号包纸铁丝（叶用・绿色）10cm×1根
- 薄绢带（宽0.8cm・黄绿色）适量

※上浆加工的方法参见P.39

花的制作

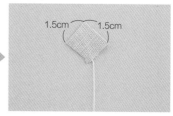

外层花瓣用的布和内层花瓣用的布各自全剪成33片边长1.5cm的小正方形。外层花瓣1片和内层花瓣1片，当中夹铁丝，沾上少许浆糊贴牢。※完成的花瓣铁丝的上端应空出0.4~0.5cm。（参见步骤2的图）

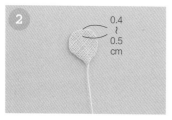

剪出花瓣的形状。

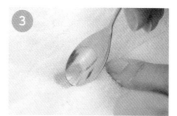

下面垫1块毛巾，从花瓣的头部起向下用小勺压弯。

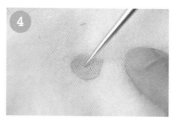

乘浆糊还没有干透，用小锥子在花瓣的中心部分划线。使得花瓣的两边翘起有立体感。

将4片花瓣合在一起。

花芯一剪为二，拿其中1根放在花瓣的中心。

薄绢带沾上少许浆糊，从花瓣的根部，将铁丝一起卷起来。

花瓣的根部沾上少许浆糊。将四片花瓣固定。

1朵四瓣小花就完成了，同样的方法共做6朵小花。

叶的制作

10 再做3朵三瓣的小花。（制作方法参见 P.48 的步骤 1～9）

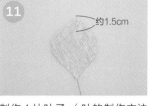

11 制作1片叶子。（叶的制作方法参见 P.41 的步骤 11～14）剪出叶的轮廓，特别是细微部分。

12 用手指捏住叶的中心部分如图所示方向拧转。

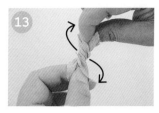

13 以叶的中心部分为轴拧转，制作出褶皱。

安装胸针

14 在浆糊还没有完全干透的时候，展开叶子。

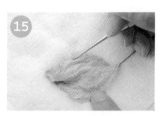

15 小锥子45°斜倒，在叶的边缘的部分画出叶脉线，让叶子具有立体感。

16 叶子做好了。

17 趁浆糊还没有完全干透的时候，在叶子的下方插入胸针。

组合

18 叶子的下方沾少许浆糊，再次粘牢。

19 将9朵小花合在一起，薄绢带沾上少许浆糊，卷1～2圈固定。

5～7 实物等大纸样

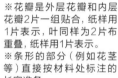

5 花瓣（33片）
6 花瓣（4片）
7 花瓣（7片）

※花瓣是外层花瓣和内层花瓣2片一组贴合，纸样用1片表示，叶同样为2片布重叠，纸样用1片表示。
※条形的部分（例如花茎等）直接按材料处标注的长宽准备。

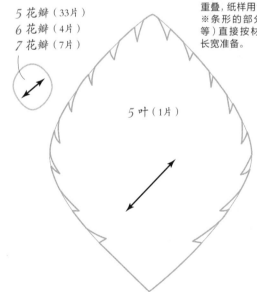

5 叶（1片）

用包茎布包好

20 将花和叶子合在一起，包茎布沾少许浆糊一起卷起来，花茎长度3cm，多余的剪掉。

整理好花形，完成啦！

P.10-8 百合花胸花

实物等大纸样（大花瓣、小花瓣、花托）…P.82

材料
- 大花瓣5片（上浆加工的白色亚麻布）长60cm宽6cm
- 小花瓣4片（上浆加工的白色亚麻布）长5cm宽5cm
- 花托1片（上浆加工的白色亚麻布）长12cm宽6cm
- 包茎布1条（上浆加工的白色亚麻布）长15cm宽0.6cm
- 花芯（直径3mm·双头·白色×深蓝色）20根
- 胸针扣(2.5cm) 1个
- 24号包纸铁丝（花用·白色）12cm×9根
- 26号包纸铁丝（花芯用·白色）12cm×1根

※上浆加工的方法参见P.39

花瓣的制作

1. 沾上少许浆糊贴牢。※完成的花瓣铁丝的上端应空出0.4~0.5cm。（参见步骤2的图）

大花瓣用的布剪成5片长12cm宽6cm的长方形。小花瓣用的布剪成4片长10cm宽5cm的长方形。花瓣对折，当中斜夹铁丝。

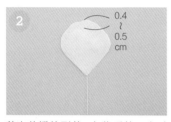

2. 剪出花瓣的形状，上浆后放1小时左右微干。

3. 浆糊微干的时候，用手指捏住花瓣的中心位置，如图所示方向拧转。

4. 花瓣的中心部分拧紧，制作出褶皱。

5. 拧紧的花瓣放置一整天。

6. 放置一整天后，轻轻地展开花瓣，不要弄平褶皱。

7. 花瓣的边缘用手指搓捏，微微翘起，制作出花的形态。

8. 共做大花瓣5片，小花瓣4片。

花芯的制作

9. 20根花芯对折，花芯用铁丝也对折，铁丝套在花芯的中间处，转紧。

花芯粘上花瓣

10. 花芯的中心部分沾上浆糊。

11. 花芯的根部用手指捏紧固定牢。

12. 小花瓣的根部沾上浆糊，一片一片地贴在花芯的周围。

13. 大花瓣的根部沾上浆糊，一片一片地贴在小花瓣的周围。

粘上花托

 14
 15
 16

约9cm

花茎的铁丝长度6cm，多余的剪掉，包茎布沾少许浆糊将铁丝卷起来，卷的时候放上胸针扣，一起卷起来。

制作花托。（花托的制作方法参见P.51的步骤17～19）在花托的中心部分沾上浆糊。

在花瓣的根部粘上花托。

整理好花形，完成啦！

P.7-6 绣球花小发夹
实物等大纸样（花瓣）…P.47

材料（1朵）
- 外层花瓣4片（上浆加工的各种颜色亚麻布）长6cm宽2cm
- 内层瓣4片（上浆加工的藕色亚麻布）长6cm宽2cm
- 花芯（直径2mm・双头・紫色）1根
- 带托盘的小发夹1个
- 花形蕾丝（1.2cm）1片
- 28号包纸铁丝（白色）8cm×4根
- 薄绢带（宽0.8cm・黄绿色）适量

※上浆加工的方法参见P.39

 1
 2
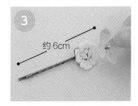 3
约6cm

制作花。（花的制作方法参见P.48的步骤1～9）从根部剪断铁丝。

在小发夹的托盘上用热熔胶枪沾上胶。

在托盘上粘上花形蕾丝，再用热熔胶枪在蕾丝上粘上花。

P.9-7 绣球花耳钉
实物等大纸样（花瓣）…P.49

材料（1对）
- 外层花瓣7片（上浆加工的粉色亚麻布）长11cm宽2cm
- 内层瓣7片（上浆加工的藕色亚麻布）长11cm宽2cm
- 花芯（直径2mm・双头・紫色）1根
- 带圆盘的耳钉1对
- 花形蕾丝（1.5cm）2片
- 28号包纸铁丝（白色）8cm×7根
- 薄绢带（宽0.8cm・黄绿色）适量

※制作花。（花的制作方法参见P.46、47的步骤1～10）从根部剪断铁丝。

※上浆加工的方法参见P.39

 1

在花形蕾丝的中心部位插入耳钉。

 2
整体都用胶枪沾上胶。

 3
约2cm
在花的背面粘上步骤2的成品。

P.12-11 橘色小雏菊
P.15-12 亮灰色小雏菊

实物等大纸样（花瓣、叶、花托）…P.81

11·12 材料（1个）

- 花瓣12片（11=上浆加工的橘色帆布、
  12=上浆加工的奶白色亚麻布）长16cm宽12cm
- 叶2片（上浆加工过的亚麻布11=绿色、12=灰色）长12cm宽3cm
- 花托1片（上浆加工过的亚麻布11=绿色、12=灰色）长5cm宽5cm
- 大花芯2条（上浆加工过的灰色亚麻布）长15cm宽0.6cm×2条
- 小花芯1条（上浆加工过的灰色亚麻布）长12cm宽0.6cm
- 包茎布3条（上浆加工过的亚麻布11=绿色、12=灰色）长20cm宽0.6cm×3条
- 丝带1条（上浆加工过的亚麻布11=绿色、12=灰色）长30cm宽0.7cm
- 胸针扣（2.5cm）1个
- 24号包纸铁丝（花芯用·白色）12cm×3根
  （叶用·白色）12cm×2根

※上浆加工的方法参见P.39

花瓣的制作　※使用12的作品解说

1

花瓣的中心用小锥子打孔。花瓣外围一圈，一定间隔放射状剪一道小口，深度剪到离中心0.5cm位置，共剪13~18道。

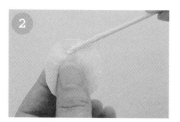

2

花瓣的周围沾上少许浆糊。

3

将一片片花瓣用手指搓捏。

4

将花瓣全部一片片搓捏好。

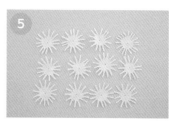

5

同样的方法共制作12片花瓣。

制作花芯

6

大花芯　小花芯
直径约1cm　直径约0.8cm

制作2个大花芯1个小花芯。（花芯的制作方法参见P.40的步骤3～6）

制作小花苞

7

在小花芯的根部粘上浆糊，将小花芯的铁丝穿进花瓣中心的小孔。

8

用手指轻压花瓣，让花芯花瓣固定住。

9

小花苞就做好了。

制作大花和中花

10 用步骤 7·8 同样的方法，在大花芯的根部沾上浆糊，将花芯的铁丝穿进花瓣中心的小孔。

11 用手指轻压花瓣，让花芯花瓣固定住。同样的方法大花共粘 6 片花瓣，中花共粘 5 片花瓣。

12 用手指向上压花瓣，让多枚花瓣粘牢，调整花的形状。

13 大花做好了。

14 中花做好了。

叶的制作

15 叶用的布剪成长6cm宽3cm的2片，制作2片叶子。（叶子的制作方法参见P.44的步骤 6~10）

花径的制作

16 小花苞和 1 片叶子、中花、大花和 1 片叶子，分别用包茎布卷好。（包花茎的方法参见 P.45 的步骤 **12~18**）

花托的制作

17 花托的尖端沾上少许浆糊。

粘上花托

18 尖端用手指搓捏。

20 花托的中心部分沾上浆糊。

21 将花托粘到小花苞的根部。

组合

22 3 朵花组合在一起，用包茎布卷两周固定。

23 再加上胸针扣，用包茎布卷两周固定好。

24 丝带穿过胸针扣，固定好打蝴蝶结。
※ 蝴蝶结可以用定型液等定型。根据自己的喜好自由使用。

约 14cm

整理好花形，完成啦！

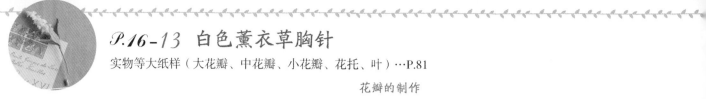

P.16-13 白色薰衣草胸针

实物等大纸样（大花瓣、中花瓣、小花瓣、花托、叶）…P.81

材料
- 大花瓣、中花瓣、小花瓣各10片（上浆加工的白色薄木棉）长10cm宽6cm
- 花芯1条（白色亚麻布）长10cm宽1cm
- 花托1片（上浆加工的黄绿色丝绸欧根纱）长3cm宽2cm
- 叶3片（上浆加工的黄绿色亚麻布）长15cm宽5cm
- 包茎布1条（上浆加工的黄绿色亚麻布）长15cm宽0.6cm
- 花芯（直径2mm・双头・白色）10根
- 针型胸针(6.5cm) 1个
- 24号包纸铁丝（花芯用・白色）17cm×1根
- 26号包纸铁丝（叶用・绿色）12cm×3根
- 手工用棉花适量

※上浆加工的方法参见P.39

花瓣的制作

1　大花瓣2片重叠，中心用小锥子打孔。

2　1根花芯一剪为二。取1个花芯穿过两片大花瓣的中心的小孔，花蕾的根部沾上浆糊。

3　用手指轻压花瓣，让花芯花瓣固定住。

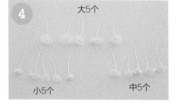
4　同样的方法共制作大花瓣5个，中花瓣5个，小花瓣5个。

制作花芯，粘上花瓣

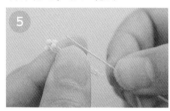
5　花芯5根和花芯用铁丝合在一起。

6　手工用棉花沾上少量浆糊，缠在铁丝上，长度5cm左右。

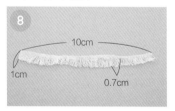
7　棉花缠好了。

8　花芯用的亚麻布，抽走横线，做成穗状，长度0.7cm。

9　花芯用的亚麻布斜放在花芯的根部，沾上少量浆糊。

10　加上1个小花瓣，一起包卷起来。

11　剩下的小花瓣逐一加入，尽量360°都能看的，沾上浆糊一起包卷起来。

12　同样的中花瓣、大花瓣也按顺序逐一加入一起包卷起来。

粘上花托

13　花托的根部沾上浆糊，在花芯的最下方包卷起来。

叶的制作

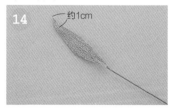
14　叶用的布剪成3片长5cm宽5cm的正方形，制作3片叶子。（叶的制作方法参见P.41的步骤11～14）

组合

15
将花和3片叶子合在一起，铁丝6cm处剪断。

16
包茎布沾上少许浆糊，一起卷起来。途中加上针型胸针，针的尖端沾少许浆糊插入，卷上1cm左右固定，包茎布一直卷到最底端。

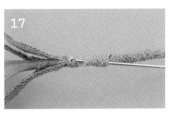

17
针型胸针固定的细节图。

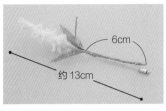

整理好花形，完成啦！

P.12-10 尤加利项链

实物等大纸样（花瓣）⋯P.43

材料
- 花瓣22片（上浆加工的白色亚麻布）长88cm宽2cm
- 带毛花芯（直径5mm·双头·白色）13根
- 花芯（直径3mm·双头·紫色）8根
- 24号包纸铁丝（花瓣用·白色）12cm×22根
- 26号包纸铁丝（花芯用·白色）12cm×1根
  （项链用·白色）35cm×1根
- 薄绢带（宽0.5cm·白色）适量
- 丝绒带（宽0.6cm·藕色）85cm

※上浆加工的方法参见P.39
※制作22片花瓣。（花瓣的制作方法参见P.41的步骤1）

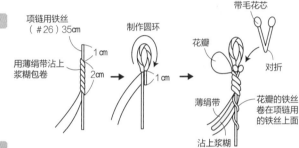

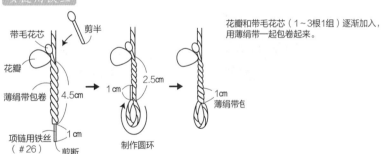

丝绒带穿过项链用的铁丝的圆环。

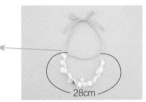

制作方法
在项链用的铁丝上，自由组合19片花瓣、1朵花、带毛花芯（1~3根1组），用薄绢带全部包卷起来。（组合开始、组合结束的方法参见右图）

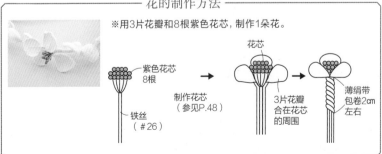

— 花的制作方法 —
※用3片花瓣和8根紫色花芯，制作1朵花。

P.17-14・15 铃兰胸花

实物等大纸样（大花瓣、中花瓣、小花瓣、叶）…P.81

14的材料

- 大花瓣6片、中花瓣5片、小花瓣3片（上浆加工的白色亚麻布）
  长15cm宽5cm
- 外层叶3片（上浆加工的浅紫色亚麻布）长18cm宽6cm
- 内层叶3片（上浆加工的绿色亚麻布）长18cm宽6cm
- 包茎布1条（上浆加工的绿色亚麻布）长15cm宽0.6cm
- 小花芯（直径4mm・双头・白色）3根
- 大花芯（直径5mm・单头・白色）3根
- 穿孔珍珠球（直径0.8cm）6个、（直径0.6cm）5个、（直径0.4cm）3个、
- 胸针扣（2.5cm）1个
- 丝带（宽1.4cm・藕色）30cm
- 28号包纸铁丝（花芯用・白色）9cm×14根
- 26号包纸铁丝（叶用・绿色）12cm×3根
- 薄绢带（宽0.6cm・黄绿色）适量

15的材料

- 大花瓣6片、中花瓣5片、小花瓣3片（上浆加工的白色亚麻布）长15cm宽5cm
- 外层叶3片（上浆加工的黄绿色亚麻布）长18cm宽6cm
- 内层叶3片（上浆加工的藕色亚麻布）长18cm宽6cm
- 小花芯（直径4mm・双头・白色）3根
- 大花芯（直径5mm・单头・白色）3根
- 胸针扣(2.5cm)1个
- 丝带（宽0.6cm・浅紫色）30cm
- 28号包纸铁丝（花芯用・白色）9cm×14根
- 26号包纸铁丝（叶用・绿色）12cm×3根
- 薄绢带（宽0.6cm・黄绿色）适量
- 手工用棉花适量

※上浆加工的方法参见P.39

花芯的制作　※用作品15为例来解说。

1 花芯用铁丝的一端弯0.5cm的小勾。在铁丝上团一些手工用的棉花。

2

3 沾上少许浆糊。

4 搓成一个小圆团。

5 按照图6中花芯的直径来搓，不够的话加一点手工用的棉花搓圆。

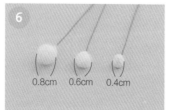

6 制作大花芯（直径0.8cm）6个、中花芯（直径0.6cm）5个、小花芯（直径0.4cm）3个。

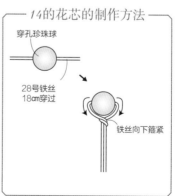

14的花芯的制作方法
穿孔珍珠球
28号铁丝18cm穿过
铁丝向下箍紧

花的制作

7 花瓣的中心用小锥子打孔。花芯用的铁丝从花瓣中央的小孔穿入，花瓣全部都涂上浆糊。

8 用花瓣包裹住花芯。在上方捏紧,使整体滚圆。

9 花做好了。共制作大花6个,中花5个,小花3个。

枝的制作

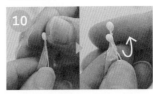

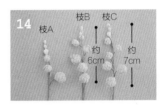

10 薄绢带斜放在小花芯的根部,沾上少量浆糊卷1圈。小花芯下侧的一头向上折,用薄绢带一起包卷起来。

11 加进1根大花芯,薄绢带沾上浆糊一起包卷起来。

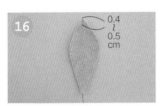

12 加进1朵小花,薄绢带沾上浆糊一起包卷起来。

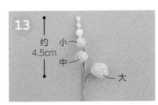

13 中花、大花逐一加入,薄绢带沾上浆糊一起包卷起来。枝A就做好了。

14 同样的方法,制作枝B(小花1朵,中花2朵,大花2朵)、枝C(小花1朵,中花2朵,大花3朵)。

叶的制作

15 外层叶和内层叶用的布各剪成边长6cm的正方形3片。外层叶1片和内层叶1片,斜夹住铁丝,沾上浆糊固定。※完成的叶片,铁丝上端应空出0.4~0.5cm。(参见步骤16的图)

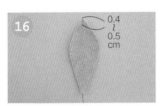

16 把叶的纸样描摹到布上,仔细剪出叶的轮廓。

17 下面垫1块毛巾,叶子的中心沿着铁丝,用小锥子画出叶脉线。

18 叶子的两边也用小锥子画出叶脉线。

组合

19 捏住叶的顶端扭转、塑造整体弯曲的造型。

20 将3朵花和3片叶子合在一起,薄绢带沾上少许浆糊,一起卷起来。14是含茎布沾上少许浆糊,一起卷起来。(包茎布的卷法参见P.45的步骤12~18)

21 途中加上胸针扣,一直卷到最底端。

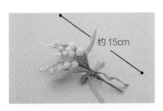

丝带穿过胸针扣,固定打蝴蝶结。整理好花形,完成啦!
※ 蝴蝶结可以用定型液等定型。根据自己的喜好自由使用。

P.18-16 牛仔布紫阳花

实物等大纸样（花瓣）…P.59

材料
- 花瓣12片（上浆加工的牛仔布）长24cm宽8cm
- 花芯（4mm・双头・粉藕色）5根
- 胸针扣(2.5cm) 1个
- 22号包纸铁丝（花瓣用・绿色）7cm×9根
- 28号包纸铁丝（组合用）5cm×1根
- 25号刺绣线（粉藕色）

※上浆加工的方法参见P.39

花的制作

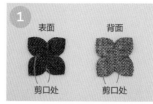

剪出12片花瓣，如图红线所示处剪4个口子。

揉捏花瓣，做出褶皱，使得花瓣有立体感。

花瓣的褶皱做好了。

花瓣的背面的中心部分涂上浆糊。

和另一片花瓣的背面相对，粘牢。

两片花瓣粘好了。

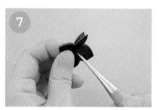

花瓣的中心用小锥子打孔。

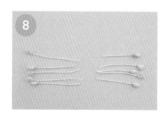

5根花芯一剪为二。

花芯的根部沾上少许浆糊。

花芯穿过花瓣中央的小孔。

花芯的杆沾少许浆糊，和花瓣用铁丝粘合在一起。

从铁丝的根部起涂上浆糊，待浆糊稍干。

25号刺绣线（粉藕色）从根部起包卷起来。
※刺绣线6根一起使用，以下相同。

一直卷到底端，剪掉多余的刺绣线。注意不要露出铁丝，用手指揉捏底端的刺绣线遮住。

花的组合

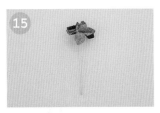
2片重叠花瓣的花就做好了。

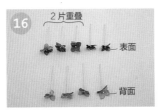
共做2片重叠花瓣的花3朵，一片花瓣（表面）的花2朵，1片花瓣（背面）的花4朵。

选1朵2片重叠花瓣的花，作为中心的花。在其根部2cm的位置弯一点角度。

在中心的花的周围，1朵1朵添加剩余的花。

粘上胸针扣

9朵花，全部合在一起。

用组合用的铁丝固定花茎。

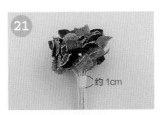
为了遮盖住组合用的铁丝，先沾上少许浆糊，再用刺绣线包卷起来。

胸针扣的背面沾上浆糊，粘在步骤21的包卷的刺绣线上。

打开胸针，沾上少许浆糊，用刺绣线包卷固定。

胸针扣安装好了。

茎的末端微微弯曲，整理好花形，完成啦！

16 实物等大纸样
花瓣（12片）
剪口处

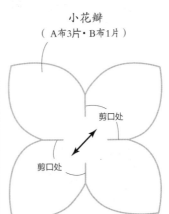

17·18 实物等大纸样

小花瓣（A布3片·B布1片）
剪口处

大花瓣（A布·B布 各2片）
剪口处

P.19-17・18 紫阳花发夹

实物等大纸样（大花瓣、小花瓣）…P.59

17·18 的材料（1个）

- 大花瓣2片、小花瓣3片（A布：上浆加工的亚麻布17=紫色、18=黄芥末色）长20cm宽10cm
- 大花瓣2片、小花瓣1片（B布：上浆加工的藕色亚麻布）长20cm宽8cm
- 毛毡（灰色）1cm×8cm
- 发夹(8cm) 1个

※上浆加工的方法参见P.39

花的制作

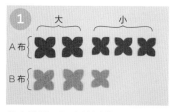

① 剪出花瓣，每个花瓣剪出4个口子（参见 P.58 的步骤1）。

② 揉捏花瓣，使得花瓣变软，便于缝制。

③ 如图所示排列好花瓣，小花瓣错开1cm左右，大花瓣错开2cm左右。

④ 大花瓣和小花瓣两片重叠（从步骤3的最右边开始），开始缝制，注意针脚要细小。

⑤ 线头打结处用热熔胶枪粘牢固定（因为接下来要拉紧线）。

⑥ 继续加花瓣错开重叠在一起，用细小的针脚缝制起来，不断拉紧线。

⑦ 重复步骤6、将所有的花瓣缝制在一起，最终长约13cm。结束后线打结，用热熔胶枪粘牢固定。

⑧ 揉捏花瓣，掌握好整体的平衡感，整理好花形。

粘上发夹

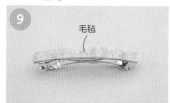

⑨ 在发夹上用胶枪涂上胶，粘上毛毡（1cm×8cm）。

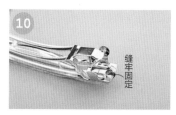

⑩ 发夹两端的小孔与毛毡缝牢固定。
※ 为了大家能看清，这里用了红线。

⑪ 在毛毡上用热熔胶枪涂上胶。

⑫ 将毛毡与紫阳花的背面粘牢。

⑬ 观察整体的平衡，将一部分浮起的花瓣用热熔胶枪粘牢固定。

完成啦！

P.20-19〜21 紫阳花项链

实物等大纸样（花瓣）…P.61
尺寸…绕颈1圈约80cm

19・20的材料（1根）
- 花瓣7片（上浆加工的亚麻布19=紫色、20=藕色）长28cm宽4cm
- 编织绳（粗0.2cm）1m

21的材料
- 花瓣10片（上浆加工的黄芥末色亚麻布）长20cm宽8cm
- 编织绳（粗0.2cm）1m

※上浆加工的方法参见P.39

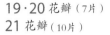

19〜21实物等大纸样

19・20 花瓣（7片）
21 花瓣（10片）

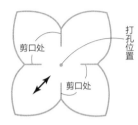

※19・20制作花瓣7片，21制作花瓣10片。
（花瓣的制作方法参见P.58的步骤1〜7）

制作方法
1片花瓣，或是2片花瓣重叠，穿在编织绳上。为了固定住花瓣，在花瓣的上下处打结。

21完成啦！

19完成啦！

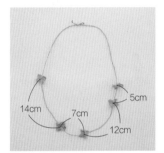
20完成啦！

P.22-22 迷你玫瑰耳环

实物等大纸样（花瓣、花托）…P.63

材料（1对）
- 花瓣24片（各种颜色的棉绒）长12cm宽8cm
- 花托2片（绿色棉绒）长8cm宽4cm
- 耳环一对
- 28号包纸铁丝（白色）8cm×2根
- 9字针（0.6cm）2个
- 小圆环（0.3cm）2个
- 细链（3cm）2根
- 25号刺绣线（灰色）

※制作2朵花。（花的制作方法参见P.62、63的步骤1〜21）

9字针留0.3cm剪断。

9字针沾上胶，插入玫瑰花托的小孔里。

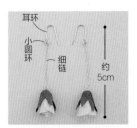
9字针连上细链，细链和耳环用小圆环链接起来，完成了。

P.23-23 迷你玫瑰胸针

实物等大纸样（花瓣、花托）…P.63

材料（1个）
- 花瓣12片（各种颜色的棉绒）长12cm宽4cm
- 花托1片（绿色棉绒）长4cm宽4cm
- 针型胸针（6.5cm）1个
- 28号包纸铁丝（白色）8cm×1根
- 25号刺绣线（灰色）

花瓣和花托的上浆加工

1 剪出12片花瓣，1片花托。

2 玻璃碗放入热水30mL和浆糊30mL（1:1的比例）。充分搅拌让浆糊完全溶解后冷却。用镊子夹住1片花瓣放入，充分浸泡。

3 在厨房用吸油纸上，放1片花瓣，把步骤2浸泡过浆糊液的花瓣叠放在上面。注意不要进入空气，2片花瓣充分地互相浸透。

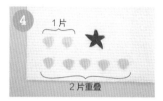

4 重复步骤3制作2片重叠的花瓣共5组。浸泡过浆糊液的单片花瓣2片，花托1片。放在厨房用吸油纸上晾干。
※因为浆糊较浓，注意晾干的过程中花瓣不要和吸油纸粘连起来，需要不时地翻动移动位置。

5 花瓣晾干以后，用手指捏出弯度。

花芯的制作

6 铁丝的一端折1cm的小勾，沾上浆糊，25号刺绣线（灰色）6根一起包卷起来。

花的制作

7 花芯做好了。（直径约0.2cm）

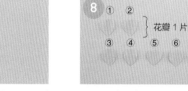

8 花瓣按①～⑦的顺序逐一叠加。

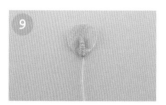

9 花瓣①的根部沾上浆糊，放上花芯。

10 花瓣①左边折叠，根部沾上浆糊。

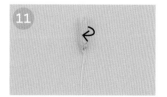

11 花瓣的右边也折叠过来，包住花芯。

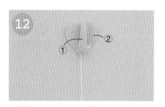

12 花瓣②的根部沾上浆糊，放在花瓣①的包卷面的下面。

13 步骤10·11的成品用同样的方法包卷起来。

14 同样的，花瓣③粘在花瓣②上，花瓣④粘在花瓣③上。

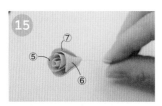

⑮ 花瓣⑤~⑦互相稍稍重叠，包卷起花芯，根部沾上浆糊粘牢。

⑯ 铁丝在花的根部处剪断。

粘上花托

⑰ 花托的尖端用手指微捏。

⑱ 花托的中心部分沾上浆糊。

⑲ 花托包在花的根部，边折叠边粘牢。

⑳ 花托粘好了。

粘上针型胸针

㉑ 待干了以后，在花托的中心用小锥子打孔。

㉒ 针型胸针的尖端0.3~0.4cm沾上浆糊。

㉓ 插入玫瑰的花托的小孔里。

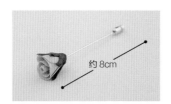

约8cm

完成啦。

22·23 实物等大纸样

22 花瓣（24片）
23 花瓣（12片）

22 花托（2片）
23 花托（1片）

P.27-27 三色堇耳钉

实物等大纸样（花瓣A、花瓣B、花托）…P.81

材料（1对）

- 花瓣A2片（上浆加工的象牙色亚麻布）长8cm宽4cm
- 花瓣B4片（上浆加工的蓝色或者紫色亚麻布）长10cm宽3cm
- 花托2片（上浆加工的卡其色木棉）长6cm宽3cm
- 珍珠花芯（直径6mm·双头）1根
- 带圆盘的耳钉1对
- 绘图丙烯颜料（深棕色）

※上浆加工的方法参见P.39
※制作2朵花。（花的制作方法参见P.66的步骤1~8）

剪掉花芯的杆，耳钉的圆盘用胶枪沾上胶，与花托粘牢。

约3.5cm

完成啦。

P.24-24 罂粟花胸针

实物等大纸样（花瓣、花托）…P.65

材料（1朵）

- 花瓣4片（上浆加工的粉色亚麻布或者本色木棉）长15cm宽5cm
- 花托1片（上浆加工的绿色粗纹布）长3cm宽3cm
- 包茎布1条（上浆加工的绿色粗纹布）长13cm宽13cm
- 花芯（直径2mm・浅茶色）30根
- 小毛球（直径0.8cm・茶色）1个
- 胸针扣（2cm）1个
- 26号包纸铁丝（白色）5cm×1根、20cm×1根

※上浆加工的方法参见 P.39

花芯的制作

1. 把30根花芯对折，5cm长铁丝套在花芯的中间绕几圈转紧。

2. 20cm长铁丝套在对折的花芯的中间绕几圈拉紧，铁丝左右两边一样长。

3. 铁丝转紧固定，向下折。

4. 20cm长铁丝固定处留0.5cm剪断花芯。

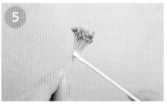

5. 花芯仔细地沾上浆糊（每1根花芯的空隙都要沾上浆糊），让铁丝和花芯固定住。

6. 花芯做好了。

花的制作

7. 花瓣的根部沾上浆糊，取1片贴在花芯的周围。

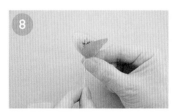

8. 对面方向再贴上1片花瓣。

9. 待浆糊干了，在花瓣和花瓣之间贴上剩余的2片花瓣。

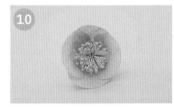

10. 待浆糊干了，把花芯呈放射状摊开。

11. 花芯的中央沾上浆糊，贴上小毛球。

12. 花做好了。

粘上花托

13. 在花托的中心部分用小锥子打孔，花的铁丝穿过小孔，花的根部沾上浆糊。

14. 花托边折叠边贴到花上。

组合

15
包茎布按45°方向裁剪成0.8cm宽的长条（包茎布的裁剪方法参照下图）。用包茎布将铁丝上包卷起来（包花茎的方法参见P.45的步骤12～15、17·18）。

16
胸针扣
胸针扣的背面沾上浆糊，贴在花茎的上方。打开胸针，包茎布沾上少许浆糊，卷2~3圈固定。

17
花瓣用手指揉捏做出褶皱。

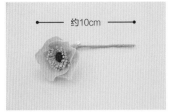
约10cm
茎微微弯曲，整理好花形，完成啦！

P.23-25 罂粟花发圈

实物等大纸样（花瓣、花托）…P.65

材料
- 花瓣4片（上浆加工的象牙色亚麻布）长15cm宽5cm
- 花托1片（上浆加工的绿色粗纹布）长3cm宽3cm
- 包茎布1条（上浆加工的绿色粗纹布）长8cm宽8cm
- 花芯（直径2mm·浅茶色）30根
- 小毛球（直径0.8cm·茶色）1个
- 丝带（宽2cm·藕色）30cm
- 发圈（藕色）1个
- 26号包纸铁丝（白色）5cm×1根、10cm×1根

※上浆加工的方法参见P.39
※花的制作方法（参见P.64的步骤1～15）。

24·25 实物等大纸样

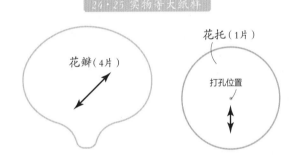
花瓣（4片）　　花托（1片）　打孔位置

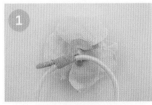
1
包茎布沾上少许浆糊，将花和发圈卷2~3圈固定。

包茎布的裁剪图

蝴蝶结的制作方法

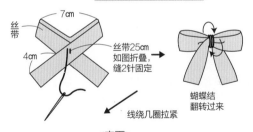

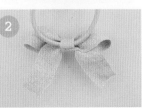
2
参照右图做1个蝴蝶结，系在发圈上。

完成啦！
约12cm

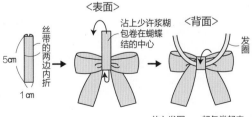

P.26-26 三色堇胸针

实物等大纸样（花瓣A、花瓣B、花托）…P.81

材料（1朵）
- 花瓣A1片（上浆加工的象牙色亚麻布）长5cm宽5cm
- 花瓣B2片（上浆加工的蓝色或者紫色亚麻布）长8cm宽4cm
- 花托1片（上浆加工的卡其色木棉）长3cm宽3cm
- 包茎布1条（上浆加工的卡其色木棉）长13cm宽13cm
- 珍珠花芯（直径6mm・双头）1根
- 丝带（宽1cm・黑色）20cm
- 胸针扣(2cm) 1个
- 26号包纸铁丝（白色）10cm×1根
- 绘图丙烯颜料（深棕色）

※上浆加工的方法参见P.39

花的制作

1. 绘图用丙烯颜料（深棕色）倒在小碟子里，加水稀释。用牙签在花瓣A上绘线。

2. 线画好了。等颜料完全干。

3. 花瓣A的背面的中心部分沾上浆糊。

4. 在花瓣A上，花瓣B稍稍重叠贴上。

5. 等浆糊干了以后，在花瓣的中心用小锥子打孔。

6. 珍珠花芯一剪为二，取一半。

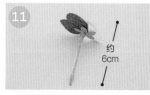

7. 花芯的根部沾上少许浆糊，穿过花瓣中央的小孔。

8. 花托的中心用小锥子打孔，穿进花芯，沾上少许浆糊，与花瓣粘牢。

茎的制作

9. 铁丝对折。

粘上花托

10. 花芯的杆沾少许浆糊，和花瓣用铁丝粘合在一起，铁丝的对折头向上。

组合

11. 用包茎布包卷起来。（包茎布的卷法参见P.65的步骤15）

12. 用包茎布把胸针扣包卷固定。（胸针扣的粘合方法参见P.65的步骤16）

13. 用手指揉捏花瓣，做出褶皱。

微微弯曲花茎，丝带打上蝴蝶结，完成了。
※蝴蝶结可以用定型液等定型。根据自己的喜好自由使用。

P.28-28 勿忘草手链

实物等大纸样（花）…P.81
尺寸…手腕一圈约15cm

材料

- 花26片（红茶染色·咖啡染色的固糊木棉）长15cm宽6cm
- 咖啡染色的花芯（直径2mm·双头）13根
- 复古蕾丝（宽0.7cm）15cm
- 固定蕾丝的金属配件（0.8cm）2个
- 吸铁石手链扣1组
- 小圆环（0.3cm）2个

固定蕾丝的金属配件的使用方法

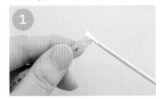

1 蕾丝的一端0.4～0.5cm左右粘上浆糊。

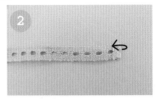

2 蕾丝的一端折起贴牢。

3 固定蕾丝的金属配件用牙签沾上浆糊。

4 蕾丝的一端插入固定蕾丝的金属配件里夹住。

5 用平嘴钳夹紧固定。
※用平嘴钳夹紧固定时可以垫一块布，避免划伤金属配件。

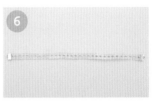

6 蕾丝的另一端也同样的用固定蕾丝的金属配件夹住。

花的制作、粘合

7 制作26朵花。（花的制作方法参见P.68的步骤1～3）花芯的杆在根部剪断。

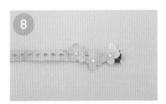

8 花的背面的中心沾上浆糊，粘到蕾丝上，粘的时候掌握整体平衡。

9 固定蕾丝的金属配件和吸铁石手链扣用小圆环链接起来。
小圆环
吸铁石手链扣

完成啦！

红茶染色的方法
红茶的浓度只是大概，根据个人喜好自由调节。

1 锅子里放入水300mL和红茶包一个，开火煮沸后，加入少许盐。（为了留住颜色）

2 红茶冷却后（热水的话固糊的布的浆糊会融化掉），将花浸泡其中。染成喜欢的颜色后取出。

咖啡染色的方法
咖啡的浓度只是大概，根据个人喜好自由调节。

1 锅子里放入水250mL和速溶咖啡15mL，开火煮沸后，加入少许盐。（为了留住颜色）

2 咖啡液冷却后（热水的话固糊布的浆糊会融化掉，花芯也会融化掉），将花和花芯浸泡其中。染成喜欢的颜色后取出。

P.28-29 勿忘草耳钉

实物等大纸样（花、布托）…P.81

材料（一对）

- 花20片（红茶染色・咖啡染色的固糊木棉）长10cm宽7cm
- 布托2片（咖啡染色的固糊木棉）长5cm宽3cm
- 咖啡染色的花芯（直径2mm・双头）10根
- 带圆盘的耳钉1组

※红茶染色、咖啡染色的方法参见P.67

花的制作

花的中心用小锥子打孔。

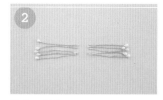

花芯一剪为二。

花芯的根部沾上少许浆糊、穿过花瓣中央的小孔粘牢。同样的方法共制作10朵花。

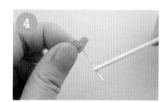

花芯的杆沾少许浆糊。

花一朵一朵粘合在一起。

6朵小花粘合在一起做成1朵大花。

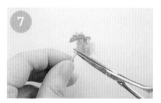

待浆糊干了以后，花芯的杆应留1cm剪断。

花粘到布托上

花的杆沾少许浆糊。

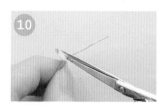

剩下4朵小花的杆在根部剪断。

花的中心部分沾少许浆糊。

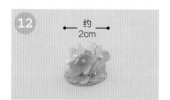

为了遮盖住中间的大花的杆，4朵小花全方位地粘在布托上。

耳钉的圆盘用胶枪涂上胶，与布托粘牢。完成啦！

P.29-30 三色堇和勿忘草胸花

实物等大纸样（花瓣A、花瓣B、花托、花、布托）…P.81

材料

大三色堇的布
- 花瓣A 1片、花瓣B 2片（咖啡染色的固糊丝绒）长10cm宽5cm
- 花托1片（咖啡染色的固糊木棉）长3cm宽3cm

小三色堇的布
- 花瓣A 1片、花瓣B 2片（咖啡染色的固糊丝绒）长9cm宽4cm
- 花托1片（咖啡染色的固糊木棉）长3cm宽3cm

勿忘草的布
- 花瓣4片（咖啡染色的固糊丝绒）长7cm宽2cm
- 花瓣20片（红茶染色的固糊木棉）长10cm宽7cm
- 包茎布6条（咖啡染色的固糊木棉）长16cm宽16cm

※ 红茶染色、咖啡染色的方法参见 P.67

其他
- 咖啡染色的花芯（直径2mm·双头）12根
- 咖啡染色的花芯（直径5mm·双头）1根
- 复古蕾丝（宽1.5cm）20cm
- 胸针扣(2cm) 1个
- 26号包纸铁丝（白色）10cm×6根
- 绘图丙烯颜料（深棕色）

勿忘草的制作

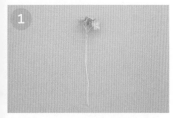

1. 制作花，每6朵小花组合在一起（花的制作方法参见 P.68 的步骤 1～6）。花的杆沾上浆糊，和铁丝粘合在一起。

2. 包茎布按45°角方向裁剪成1cm宽15cm长的长条。（包茎布的裁剪方法参照P.65。三色堇的包茎布也包括了。）包茎布沾上浆糊，将铁丝包卷起来。同样的方法，共制作4朵勿忘草。

三色堇的制作

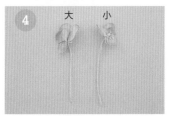

4. 制作1朵大三色堇和1朵小三色堇。（三色堇的制作方法参见 P.66 的步骤 1～11、13）。

组合

5. 大三色堇1朵、小三色堇1朵、勿忘草4朵搭配组合在一起。

6. 包茎布粘上浆糊，绕 2~3 圈固定。

7. 粘上胸针扣（胸针扣的安装方法参见 P.65 的步骤 16）。

蕾丝穿过胸针扣，固定打蝴蝶结。整理好花形，完成啦!
※ 蝴蝶结可以用定型液等定型。根据自己的喜好自由使用。

P.30-31 蒲公英胸针

实物等大纸样（大叶、小叶、花托）…P.71

材料
- 大花瓣1条（上浆加工的黄色木棉）长20cm宽2cm
  小花瓣1条（上浆加工的黄色木棉）长15cm宽1.8cm
- 大叶1片（上浆加工的绿色木棉）长10cm宽7cm
- 小叶1片（上浆加工的绿色木棉）长8cm宽6cm
- 花托2片（上浆加工的绿色木棉）长10cm宽4cm
- 包茎布4条（上浆加工的绿色木棉）长8cm宽4cm
- 固定用布（上浆加工的绿色木棉）长5cm宽1.5cm
- 胸针扣（2.5cm）1个
- 28号包纸铁丝（白色）12cm×4根

※上浆加工的方法参见P.39

花的制作

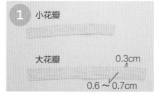

大花瓣、小花瓣的下侧留0.6~0.7cm不要剪断，间隔0.3cm剪直线。

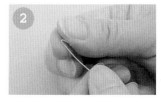

铁丝头上弯0.5cm小勾。

将铁丝小勾勾在花瓣的第2个口子里。

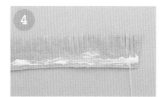

花瓣的下侧沾上浆糊。

平行卷起来。

粘上花托

花瓣卷好了。大花的直径约为2.5cm，小花的直径约为2cm。

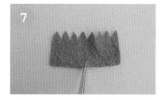

花托的下侧间隔0.4cm剪小口子。

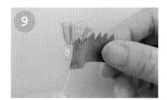

花瓣的下侧沾上浆糊。

包卷上花托。

花托卷上一周后贴牢。

花瓣的根部沾上浆糊。

花托向花瓣的根部折进粘牢。

大花和小花做好了。

叶的制作

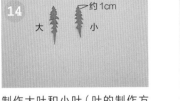

⑭ 大 小 约1cm

制作大叶和小叶（叶的制作方法参见P.41的步骤11～14）。

粘上包茎布

⑮

大花、小花、大叶和小叶搭配组合在一起。

⑯ 7～8cm

剪断铁丝。

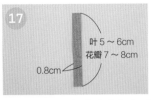

⑰ 叶5～6cm 花瓣7～8cm 0.8cm

配合铁丝的长度、包茎布裁成4条。

⑱

包茎布沾上浆糊，放上大花的铁丝。

⑲

包茎布的右侧折起粘牢。

⑳

包茎布的左侧边拉紧边包卷粘牢。

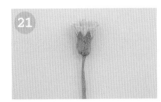

㉑

花茎包好了。

㉒

同样的方法、小花、大叶和小叶也用包茎布卷好。

组合

㉓

大花、小花、大叶和小叶搭配组合在一起，包茎布沾上浆糊，绕1~2圈固定。

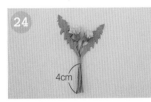

㉔ 4cm

固定好了。

实物等大纸样

※大叶、小叶为两面重叠纸样用1片表示
※条形的部分（例如、花瓣等）直接用材料处标注的长宽准备

㉕

胸针扣的背面沾上浆糊，避开叶子粘到花茎上。打开胸针扣，固定用的布条沾上浆糊，绕2~3圈固定。

约10cm

完成啦！

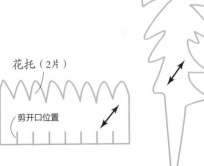

花托（2片）
剪开口位置

大叶（1片） 小叶（1片）

71

P.31-32 含羞草胸针

实物等大纸样（叶）…P.73

材料
- 花25片（黄色丝绒）长10cm宽2cm
- 叶1片（上浆加工的绿色木棉）长10cm宽6cm
- 胸针扣(2.5cm) 1个
- 28号包纸铁丝（白色）10cm×26根
- 25号刺绣线（藕色）

※上浆加工的方法参见P.39

花的制作

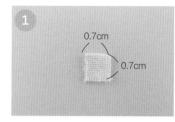

1. 将花的布剪成边长0.7cm的正方形25片。

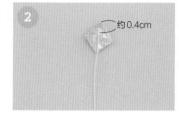

2. 铁丝头上弯0.2～0.3cm小勾，粘上浆糊如图所示位置放到花的布上。

3. 上面的三角部分向下折，右边的部分剪掉。

4. 右侧沾上浆糊折起，把铁丝包卷起来。

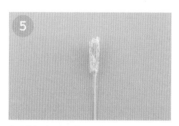

5. 左侧也沾上浆糊包卷起来。花就做好了。

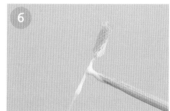

6. 花的根部的铁丝沾上浆糊。

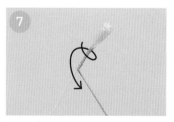

7. 25号刺绣线（藕色）均等地包卷铁丝1～1.5cm左右。
※刺绣线2根并排卷，以下相同。

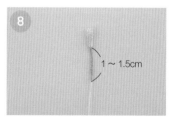

8. 刺绣线包卷好了。

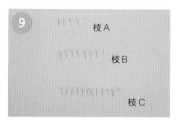

9. 同样的方法，制作枝A用的花（刺绣线包卷的4朵，不包的1朵）、枝B用的花（刺绣线包卷的7朵，不包的1朵）、枝C用的花（刺绣线包卷的11朵，不包的1朵）。

枝的制作

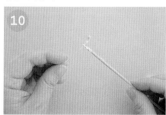

10. 制作枝A，从没有包卷刺绣线的花开始，在花的根部沾上浆糊。

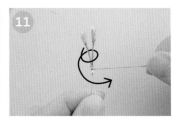

用刺绣线包卷起来,再加上第2朵花,一边沾上浆糊一边把2根铁丝一起包卷起来。

再加上第3朵花,用刺绣线把3根铁丝一起包卷起来。

为了花茎不要变粗,减掉多余的铁丝。刺绣线沾上浆糊把铁丝均等地包卷起来。

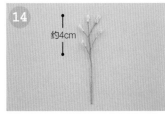

同样的方法,再加上第4、第5朵花,刺绣线一直包卷到铁丝的底端。枝A就做好了。

叶的制作

组合

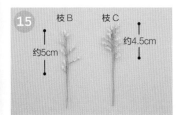

同样的方法制作枝B、枝C。

制作叶(叶的制作方法参见P.41的11~14)、叶的铁丝用刺绣线包步骤卷起来。

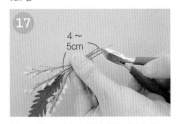

枝A、枝B、枝C和叶搭配组合在一起,铁丝对齐剪断。

沾上少许浆糊,用刺绣线包卷0.5cm左右,固定。

胸针扣的背面沾上浆糊,贴在步骤18的包卷的刺绣线上。

打开胸针,沾上少许浆糊,用刺绣线包卷固定。

实物等大纸样

※叶为两面重叠纸样 用1片表示
※条形的部分(例如、花瓣等)直接用材料处标注的长宽准备

叶(1片)

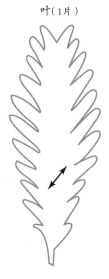

胸针扣安装好了。

完成啦!

P.32-33 绿叶发梳

实物等大纸样（大叶、小叶）…P.82

材料
- 果子15片（青色或白色的木棉）长6cm宽2cm
- 大叶9片、小叶5片（上浆加工的绿色木棉）长30cm宽9cm
- 发梳(3.5cm) 1个
- 28号包纸铁丝（果子用·白色）5cm×10根、6cm×5根（叶用·白色）6cm×14根
- 25号刺绣线（藕色）

※上浆加工的方法参见P.39

果子的制作

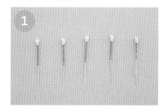

将果子用的布剪成边长0.7cm的正方形15片，制作5组果子（果子的制作方法参见P.75的步骤**1**、**2**）。
※刺绣线2根并排卷，以下相同。

叶的制作

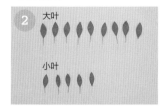

大叶用的布剪成长6cm宽3cm的长方形9片，小叶用的布剪成长6cm宽3cm的长方形5片，制作大叶9片、小叶5片（叶的制作方法参见P.41的步骤**11**～**14**、P.75的步骤**4**）。大叶8片、小叶4片的根部的铁丝沾上浆糊，用刺绣线包卷1.5cm左右。

制作枝A

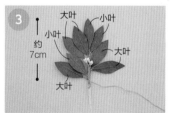

从没有包卷刺绣线的小叶开始。参见P.75的步骤**5**～**8**，将大叶5片、小叶3片、果子3个组合在一起，总长度为7cm，用刺绣线包卷起来。刺绣线留10～15cm剪断。

制作枝B

从没有包卷刺绣线的小叶开始。参见P.75的步骤**5**～**8**，将大叶4片、小叶2片、果子2个组合在一起，总长度为7cm，用刺绣线包卷起来，多余的铁丝剪掉。

枝A和枝B连接

在枝A上叠放枝B。枝A预留的刺绣线沾上浆糊包卷起来，将A和枝B连接在一起。

枝A多余的铁丝剪掉。

枝做好了。

连接发梳

枝的背面沾上浆糊，贴在发梳上，用刺绣线包卷固定。

发梳安装好了。

将1片叶子向下翻折，整理好形状，完成了。

P.31-34 青色果子和白色果子胸针

实物等大纸样（叶）…P.82

材料（一个）
- 果子12片（青色或白色的木棉）长5cm宽2cm
- 叶3片（上浆加工的绿色木棉）长24cm宽5cm
- 胸针扣（2.5cm）1个
- 28号包纸铁丝（果子用・白色）5cm×8根、10cm×4根
  （叶用・白色）10cm×3根
- 25号刺绣线（藕色）

※上浆加工的方法参见P.39

果子的制作

1

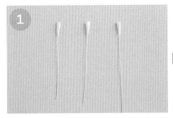

将果子用的的布剪成边长0.7cm的正方形12片、制作12个果子（果子的制作方法参见P.72的步骤1～5）。5cm长铁丝的果子2个, 10cm长铁丝的果子1个组合在一起, 果子的根部沾上浆糊。

2

25号刺绣线（藕色）包卷1～1.5cm左右。
※刺绣线2根并排卷, 以下相同。

3

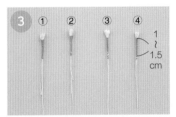

同样的方法制作3个果子合在一起一组, 共制作4组。

叶的制作

4

叶用的布剪成长8cm宽5cm的长方形3片、制作叶3片（叶的制作方法参见P.41的步骤11～14）。叶2片的根部的铁丝沾上浆糊, 用刺绣线包卷1～1.5cm左右。

枝的制作

5

从没有包卷刺绣线的叶开始。叶的根部沾上浆糊。

6

用刺绣线包卷起来, 加上1组果子, 叶的铁丝和果子的铁丝一起用刺绣线包卷起来。

7

用同样的方法, 果子、叶、果子的顺序逐一加上, 为了花茎不要变粗, 剪掉多余的铁丝, 用刺绣线包卷起来。

8

用同样的方法, 再加上叶、果子, 对齐剪掉多余的铁丝, 用刺绣线包卷起来。注意不要露出铁丝, 用手指揉捏底端的刺绣线粘牢。

背面粘上胸针扣（胸针扣的安装方法参见P.73的步骤19、20）。完成啦!

P.34-35 康乃馨胸花

实物等大纸样（花瓣、布托布、布托芯）…P.82

材料（1朵）
- 外层花瓣5片（印花棉布）长30cm宽6cm
- 内层花瓣5片（格子或是圆点棉布）长30cm宽6cm
- 布托布1片（格子或是圆点棉布）长4cm宽4cm
- 双面胶 长30cm宽6cm
- 厚纸2cm×2cm
- 胸针扣（2cm）1个

花瓣的制作

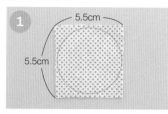

1 将外层花瓣和内层花瓣用的的布各剪成边长5.5cm的正方形5片。布用双面胶粘合在一起，描摹上花瓣的纸样。
※没有双面胶的时候，可以薄薄的涂上一层浆糊粘合。

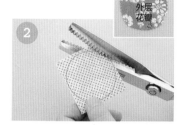

2 用曲刃剪刀沿着字样的复写线剪出花瓣（剪刀的曲刃落在复习线的内侧）。

剪好后 外层花瓣

3 花瓣4折，中心剪出一个半径为0.5cm的圆。

4 均等间隔剪8刀，深度为到中心的圆留有0.5cm。

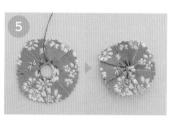

5 中心的圆开始空0.3cm处缝直线，针脚需细密，抽紧线，缝针固定。
※两股线一起缝，下同。

6 外层花瓣朝里折起来。

7 如图所示，在中心花瓣的周围放上4朵花瓣，全部缝合在一起。

8 先取2朵花瓣在根部用针牢固的缝合在一起。

9 同样的方法把5朵花瓣全部缝合在一起，造型圆滚。

布托的制作

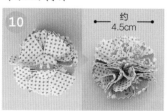

10 制作布托，缝在里花瓣的中心（制作方法参见 P.77 的步骤 5～7、9）。整理好花形，完成啦！

P.35-36・37 蓬蓬的花朵胸花

实物等大纸样（花瓣、叶、布托布、布托芯）…P.80

36・37的材料（1朵）

- 花瓣1条（a=格子或是条子棉布）长35cm宽35cm
  （b=格子或是条子棉布）长45cm宽45cm
- 叶2片（条子棉布）长5cm宽4cm×2片
- 布托布1片（格子或是条子棉布）长4cm宽4cm
- 厚纸2cm×2cm
- 胸针扣（2cm）1个

花瓣的制作　※36的作品进行解说

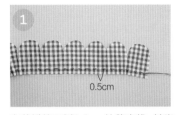

在花瓣的下侧0.5cm处缝直线，针脚需细密。线不要剪断，留到步骤3。

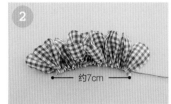

抽紧线，花瓣收缩到7cm左右，缝针固定。

卷起花瓣，根部用线缝针固定。

花做好了。

布托的制作

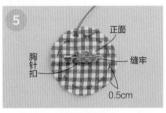

布托布的正面缝上胸针扣。布托布的边缘0.5cm处缝直线，针脚需细密。

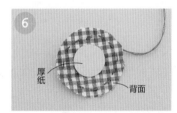

布托布的背面放入布托芯的厚纸。

布托做好了！

抽紧线，包住厚纸，缝针固定。

叶的制作

叶用的布2片沾上浆糊粘合在一起，剪出叶的形状。将2片叶子搭配在花的下方中心位置缝牢。

安装布托

8的中心位置合上布托，缝针固定。

整理好花形，完成啦！

P.36-38 小核桃纽扣胸针

实物等大纸样（布托A、布托B）…P.79

材料（1朵）

- 小核桃纽扣用布7片（印花棉布3种）各长10cm宽10cm
- 布托A1片、布托B1片（毛毡布·本色）长7cm宽2cm
- 小核桃纽扣（直径1cm）2个、（直径1.2cm）2个、（直径1.6cm）3个
- 胸针扣（2cm）1个
- 21号包纸铁丝（绿色）12cm×8根
- 带胶纸带（宽1.2cm·绿色）

※用包茎布的场合，里面贴上双面胶。

> **小贴示**
>
>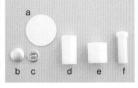
>
> 38的作品使用现成贩售的小核桃纽扣套装。套装包括 a 纸样 b 上纽扣 c 下纽扣 d 中筒 e 外筒 f 打棒。按照纸样的大小裁剪印花棉布。

小核桃纽扣的制作

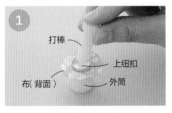

1 打棒／上纽扣／布（背面）／外筒

在外筒上依次放上印花棉布、上纽扣，用打棒押入。

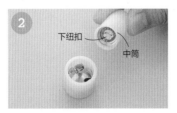

2 下纽扣／中筒

在中筒中放入下纽扣。

3

在外筒中放入中筒，用打棒重压下去。挪开打棒，确认上纽扣和下纽扣是否完美地压合在一起。如果没合好，拆开纽扣，重新再来一次。

4

再一次在外筒中放入中筒，用锤子打打棒两三下，使打棒完全压入。挪开打棒和中筒，从外筒中取出纽扣。

5 × ○

○是上纽扣和下纽扣完美地压合在一起。×是布有漏在外面。在用锤子敲打前确认的话，可以重做，多做几个纽扣就能掌握诀窍。

茎的制作

6

铁丝穿过小核桃纽扣对折，铁丝的根部用尖嘴钳转紧。

7

铁丝对齐剪断。

带胶纸带的前端剪斜边。

小核桃纽扣的根部贴上带胶纸带,将铁丝包卷起来。

一直包卷到底端,剪去多余的带胶纸带。

同样的方法制作 7 个小核桃纽扣。

布托的制作

布托 A 的上侧中心部分缝上直径 1.6cm 的小核桃纽扣。

两侧各缝 1 个直径 1.6cm 的小核桃纽扣。

掌握整体平衡,把 2 个直径 1.2cm 的小核桃纽扣和 2 个直径 1cm 的小核桃纽扣都缝上。

布托 B 缝上胸针扣。

布托 A 和布托 B 贴合在一起,外围一圈缝针固定。

布托做好了!

组合

将茎合在一起,在根部用铁丝绕一圈固定。

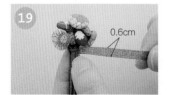
带胶纸带剪 0.6cm 宽,将铁丝包卷上 2~3 圈。

茎的长度 4cm,多余的铁丝剪断,注意不要露出断面的铁丝,用手指捏带胶纸带包卷住。

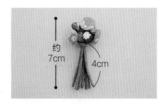
完成啦!

实物等大纸样

布托 A・B(各1片)

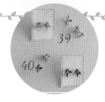

P.37-39・40 四瓣花耳钉与耳环

39 的材料（1 对）
・花 2 片（印花棉布）长 5cm 宽 2.5cm
・带花洒台的耳钉（0.8cm）1 对
・小圆珠（白色）2 颗

40 的材料（1 对）
・花 2 片（印花棉布）长 5cm 宽 2.5cm
・带花洒台的耳环（0.8cm）1 对
・小圆珠（白色）2 颗

关于带花洒台的耳钉・耳环

花洒台和花洒配件耳钉托合在一起，耳钉托的 4 个小爪弯折固定。带花洒台的耳环是耳钉的部分换成耳环。

花的制作 ※用 40 的耳钉做

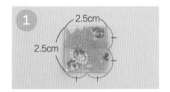

1. 花用棉布剪成边长 2.5cm 的正方形 2 片。四折留下折痕。

2. 向中心折。

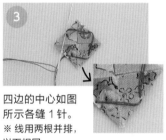

3. 四边的中心如图所示各缝 1 针。
※ 线用两根并排，以下相同。

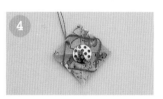

4. 花洒台放在上面，中心位置。

5. 抽紧线，将花洒台包裹起来。

花粘到布托上

6. 中心缝上小圆珠固定。

7. 缝完后，针穿过花洒台的小孔，在花的背面将线打结固定。

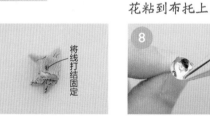

将线打结固定

8. 花洒配件耳钉托的 2 个小爪稍稍弯折。

9. 将花放进花洒配件耳钉托中，夹进 2 个稍稍弯折的小爪中。

10. 花洒配件耳钉托的 4 个小爪全部用钳子弯折固定。

11. 用熨斗的前端烫一下花瓣，使花瓣展开，整理好花形。
※ 花非常的小，用熨斗烫的时候注意不要烫焦。

40
约 1.2cm
耳钉完成啦！

39
耳环用同样的方法制作。

11·12 实物等大纸样
※叶为2片布重叠纸样用1片表示

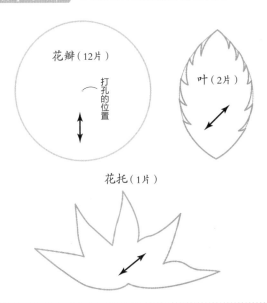

花瓣（12片）
打孔的位置
叶（2片）
花托（1片）

13 实物等大纸样
※叶为2片布重叠纸样用1片表示

大花瓣（10片）　中花瓣（10片）　小花瓣（10片）
打孔的位置
花托（1片）　叶（3片）

14·15 实物等大纸样
※叶为外层叶和内层叶2片布重叠纸样 用1片表示

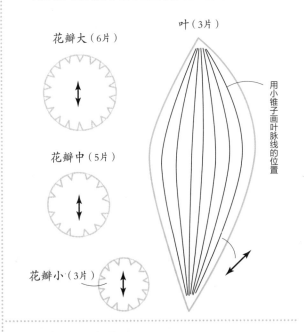

花瓣大（6片）
花瓣中（5片）
花瓣小（3片）
叶（3片）
用小锥子画叶脉线的位置

26~30 实物等大纸样

28 花（26片）
29 花（20片）
30 花（24片）
29 布托（2片）
打孔的位置

26 花托（1片）
27·30 花托（2片）
27 花瓣A（2片）
30 花瓣A（1片）
打孔的位置
27 花瓣B（4片）
30 花瓣B（2片）

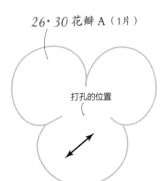
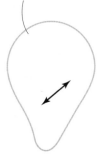

26·30 花瓣A（1片）
打孔的位置
26·30 花瓣B（2片）

※条形的部分直接用材料处标注的尺寸准备

8 实物等大纸样
※大花瓣、小花瓣为2片布重叠纸样 用1片表示

大花瓣（5片）

小花瓣（4片）

花托（1片）

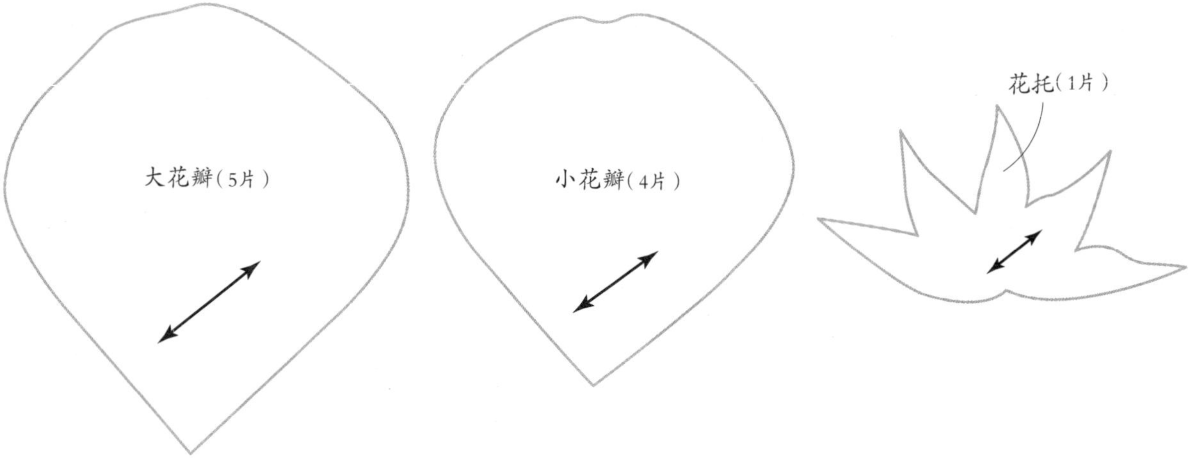

33·34 实物等大纸样
※小叶、大叶、叶为2片布重叠纸样 用1片表示

33 大叶（9片）

33 小叶（5片）

34 叶（3片）

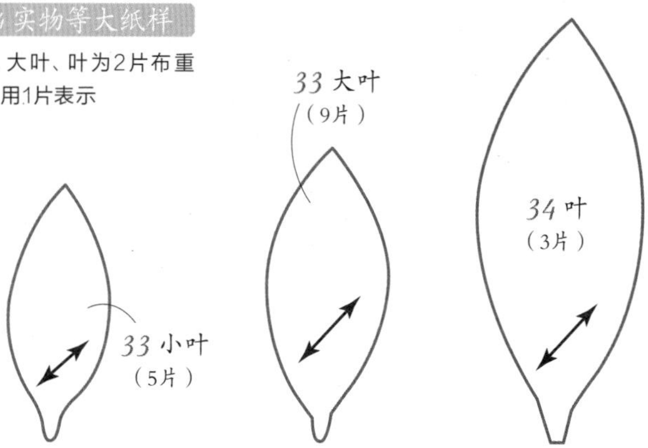

35~37 实物等大纸样
※叶为2片布重叠纸样 用1片表示

36 花瓣（1片）

描摹到42cm长

35 花瓣（外层花瓣·内层花瓣·双面胶·各5片）

挖圆孔处

曲刃剪刀剪边

36·37 叶（2片）

35~37 布托芯（厚纸1片）

35~37 布托布（1片）

37 花瓣（1片）

描摹到42cm长

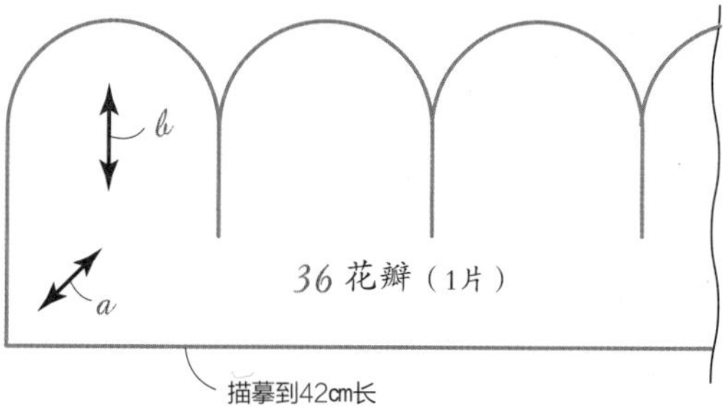

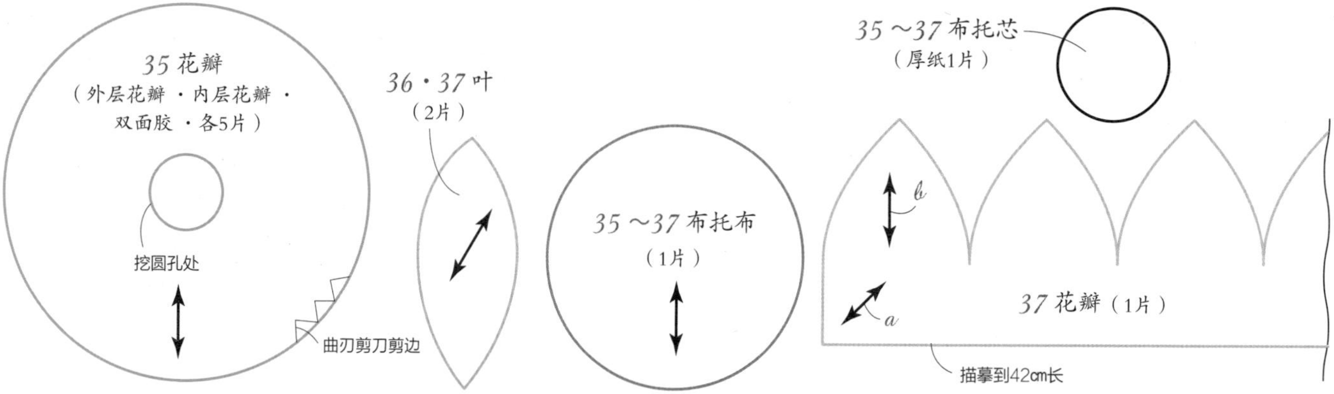

※条形的部分直接用材料处标注的尺寸准备